Food 58

都市农场

Farming in the City

Gunter Pauli

冈特·鲍利 著

田烁 译

特别感谢以下热心人士对译稿润色工作的支持：

姜竹青　韩　笑　杨　爽　周依奇　于　哲　阳平坚

李雪红　汪　楠　单　威　查振旺　李海红　姚爱静

朱　国　彭　江　于洪英　隋淑光　严　岷

目录

Contents

在一个大城市中，一个草莓和一支芦笋正在寻找栖身的地方。草莓建议到市中心去找找看。

In a big city, a strawberry and an asparagus are out looking for a place to settle and grow. The strawberry suggests they look downtown.

寻找栖身的地方

A place to settle and grow

几乎没有土壤

Hardly any soil

“你不会是疯了吧！”芦笋拒绝了草莓的主意，“你知道的，市中心除了混凝土和肮脏的空气之外，什么都没有。另外，那里几乎没有土壤。”

“可是，你总归是需要水的，对吧？”草莓问。

“You are out of your mind!” The asparagus balks at the idea. “You know there’s nothing downtown but concrete and dirty air. And there’s hardly any soil.”

“Well, you need water, right?” asks the strawberry.

“那当然，我们植物如果没有水就不能生存了。但是，在市中心，雨水中缺乏矿物质，而且直接从排水管流进了下水道，然后就进入大海了。”

“那水几乎流不进大海里。”草莓回答，“但是，我可以保证，在市中心的屋顶上能够喝到全部我们所需要的水。”

“Of course, we plants cannot survive without water. But downtown, the rainwater is lacking minerals, and it flows from gutters straight into the sewage, and then into the sea.”

“It hardly gets to the sea,” responds the strawberry. “But I can guarantee that we can get all the water we need from the roofs downtown.”

在屋顶上喝到我们所需要的水

Get water we need from the roofs

你难道从来没有见过温室吗？

Have you never seen a greenhouse?

“好吧，不过假如你是在那些天寒地冻的北方城市，比如蒙特利尔或者北京，你要怎样熬过冬天啊？”

“你难道从来没有见过温室吗？”

“OK, but if you’re looking at these cold and freezing northern cities like Montreal or Beijing, how will you get through winter?”

“Have you never seen a greenhouse?”

“当然见过。”芦笋说，“在温室里，农民让你在水中生长，让你温暖地过冬。”

“我们走吧！在城市里为自己建造一座温室，然后在泡沫玻璃上安家。”草莓说。

“Well, yes,” says the asparagus. “That’s where the humans make you grow in water and keep you warm over the winter.”

“Let’s go and build ourselves a glass house in the city, and then let’s settle down to grow on foam glass,” says the strawberry.

我们走吧！在城市里为自己建造一座温室

Let's go and build ourselves a glass house in the city

谁来为我们买单啊？

Who will pay for all this?

“有干净的泡沫玻璃和暖和的温室当然好啊，”芦笋喃喃道，“可是，谁来为我们买单啊？”

“嗯，首先，总有一群人喜欢吃新鲜的芦笋和草莓。你要知道，如果我们覆盖了整个屋顶，我们可以同时为1000个人提供食物！”

“听上去不错，可是这还是不够为我们的房屋买单啊。”

“It’s all very well having clean foam glass and warm greenhouses,” the asparagus grumbles, “but who’s going to pay for all of this?”

“Well, first of all there are humans who will love to eat us fresh. You know, if we cover a whole roof, we could offer food for 1 000 people all the time!”

“That sounds great, but that won’t be enough to pay for our house.”

“不要急着下结论。我们寻求的是双赢，而不是单方面得到好处。”草莓说。

“但是，超市得支出更多的成本来包装、冷藏、运输我们。这样，我们就成了输家了！没有人愿意买我们！”

“超市和市中心建筑物的主人都会是赢家。”

“Don’t jump to conclusions. We should be looking for a win-win, not a win-lose,” says the strawberry.

“But the supermarkets spend so much money packaging, cooling and shipping us. So we will lose! And they won’t like us!”

“They could be winners along with the owners of these downtown buildings.”

双赢，而不是单方面得到好处

Win-win, not a win-lose

农场在他们的房顶上

Farm on their roofs

“人们怎么会希望有座农场在他们的房顶上呢？”

“因为你和我可以让房屋冬暖夏凉，而他们还能靠健康食品而赚钱。”

“这样的话，我们帮助他们节约能源和资金，又给他们创造了在市中心就可以吃到新鲜蔬菜和沙拉的机会。有道理。我同意。”

“Why would they want to have a farm on their roofs?”

“Because you and I keep the roof cool in the summer and warm in the winter, while making money on healthy food.”

“So we help them save energy and money, and give them a chance to eat the freshest veggies and salads in town. That makes sense. I buy that.”

“如果我们在屋顶上快乐生长，开心得想唱歌了，那会怎么样呢？”

“希望人们能加入我们齐声合唱！”

……这仅仅是开始！……

“And what happens if we’re growing so happily up there that we want to sing a song?”

“Hopefully people will come and join the chorus!”

... AND IT HAS ONLY JUST BEGUN!...

……这仅仅是开始！……

...AND IT HAS ONLY JUST BEGUN!...

Did You Know?

你知道吗？

By 2010, more than 50% of the people in the world lived in cities, and it is expected to increase to 75% within the next generation.

截至2010年，世界上50%的人口生活在城市中，预计到下一代会增加到75%。

Cities do not produce food. Worse, the biological waste produced in cities does not return to the land, thus losing nutrients to produce food in the future.

城市不会生产食物。更糟糕的是，城市中产生的有机垃圾并没有回到土壤中，从而流失了可以在未来生产食物的养分。

Farming does not have to be done on soil. You can farm on humid air (aeroponics) or on water (hydroponics).

农业不一定非要在土壤中进行，在潮湿的空气中（气栽法）或水中（水耕法）都可以进行。

If all commercial flat roofs were used for farming, then a city could feed 25% of its inhabitants, and would employ 12 people for every 1 000m² farm.

如果所有的商业建筑平顶都用于农业种植，那么一个城市就可以解决25%的居民的温饱问题，每1000平方米的农场还可以解决12个人的就业。

Farms on the roof save packaging and transport, re-use rainwater, and save energy by keeping buildings cool in summer and warm in winter.

屋顶农场节省了包装和运输环节，实现了雨水的再利用，还可以让建筑物冬暖夏凉，节约能源。

Urban farms do not have to be limited to rooftops; vertical farming could dramatically increase output, provide shade and increase air quality.

城市农场并不仅限于屋顶；垂直耕种可以大量增加产量，提供阴凉，改善空气质量。

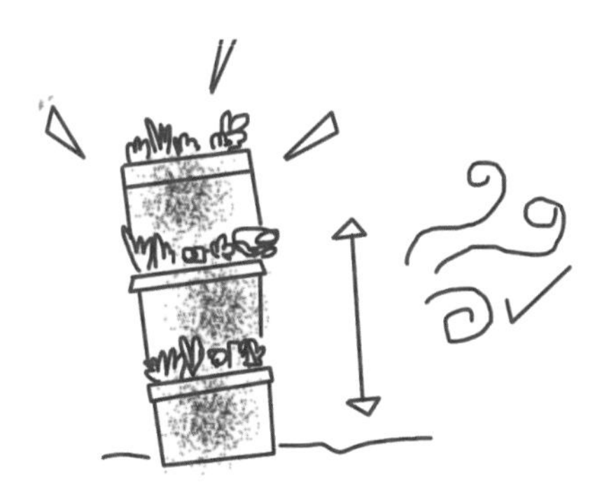

Storing and transporting vegetables over long distances increases the risk of molds, yeast and bacteria, requiring packaging and chemical controls, thus increasing cost and pollution.

长距离储存、运输蔬菜增加了滋生霉菌、酵母菌和细菌的风险，对包装和化学制剂的需求又增加了经济成本和污染。

Foam glass is made from recycled glass bottles. It weighs 10 times less than soil and can be recycled forever. It is ideal for rooftop farming.

泡沫玻璃由回收的玻璃瓶制作而成。它比土壤轻10倍，而且可以永久地循环使用，是屋顶农业的理想材料。

Think About It
想一想

Would you rather eat vegetables from a faraway farm, or from a rooftop around the corner from your home?

你更愿意吃哪一种蔬菜，是从远方农场运来的，还是自家附近屋顶上种植的？

如果是来自附近的食物，你希望它被包装得像超市里的那样吗？

When food comes from around the corner, do you want it packaged the same way as supermarkets do?

Should we use rainwater in cities, or does it belong to the sea?

我们应该利用城市中的雨水，还是就让它回归大海呢？

你给草莓的建议是什么，是住在城市里，还是回到农田中？

What would you recommend to the strawberry: Live in the city, or grow on a field?

Do It Yourself 自己动手

Have you ever farmed strawberries? It's easy! Go and buy some seeds, a small pot and some soil, and then plant the seed. One important lesson: water only from the bottom since overhead water could rot the crown of the plant and damage the fruit. Make certain that the room is not too warm, since a hot room (>16°C) will inhibit flowering. The tricky part will be to pollinate the flowers by hand, using a soft paintbrush. You will have to learn to recognise the difference between a male and a female flower – once you have identified them, gently brush around the male flower, and swirl the pollen onto the female flower. As the strawberries grow, put some straw on the bottom so they remain clean. After the harvest, cut the old leaves and expect the strawberry to give you fruit for the next three years.

你种过草莓吗？非常简单！买一些草莓种子、一个小花盆，再准备一些土，然后在花盆里撒上种子。重要的知识：只能在底部浇水，因为如果从上面浇水的话，水会让花冠腐烂，也就弄坏了果实。别让房间温度太高，超过16℃就会抑制开花。比较难的环节是给花授粉，可以用一个软毛的画笔来操作。你要学会如何区分花朵的雄蕊和雌蕊，找到花的雄蕊后，轻轻地用刷子刷一下它，然后将刷子上沾到的花粉再刷到雌蕊上。随着草莓逐渐生长，在它们的底部放一些稻草来保持清洁。收获后，将老叶子剪掉，这样以后三年中，还会长出草莓。

学科知识

Academic Knowledge

生物学	许多植物更喜欢通过根部吸收水分；从顶部浇水有可能会损伤植物和果实；空气污染影响光合作用，因而阻碍植物正常生长；温室可以用来建造室内植物花园，保持生物多样性；植物也会表达感情，植物开花与发芽的模式主要受绿光影响；光照频率影响生物的数量和营养量；高波段的红光可以增加西红柿的产量，增加菠菜中维生素C的含量。
化学	雨水中没有矿物质，如果要让植物生长还需再给雨水添加养料。
物理	温室通过控制植物根叶之间的温度差来控制水的渗透；温室的LED灯可为植物生长提供光源；老式廉价的钠元素灯是做不到的，而且还会以热量转化的形式损失能源。
工程学	温室可以保护庄稼免受寒冷、炎热、沙尘和虫害的侵扰；在根茎加热系统中，碳纤维保持着根叶之间的温度差异，优化渗透效果；一些温室只需12V直流电便可运行。
经济学	研究并对比本地原产食物的成本与外地生产的食物成本（包装、加工、冷藏、运输、仓库保管）；利用商业建筑屋顶空间需要另外的建筑结构方面的投资，但是也可以带来收入，节约能源。
伦理学	如果城市从土地中获取了营养，比如水果、蔬菜，那么城市就要反哺土壤，以为子孙后代留下可持续发展的空间；重新补给土壤不会导致土壤退化，而合成化肥则做不到这一点。
历史	罗马帝国皇帝提比略全年都有黄瓜吃，园丁将黄瓜种植在马车上，白天推到室外，晚上再推进室内；在法国，温室的术语为“橘园”，因为它最初是用于保护橘子度过寒冷的冬天。
地理	荷兰是世界上温室密度最高的国家；温室单位面积产量最高的欧洲国家是西班牙，世界上面积最大的温室在中国。
数学	“食物里程”用于计算食物收获之地与餐桌之地之间的距离，计算一下你所买的食物的食物里程吧。
生活方式	尽管与时令不符，人们还是希望全年都能吃到新鲜的水果，这种对反季节水果的需求加剧了南北半球之间的食品贸易。
社会学	在英国维多利亚时期，拥有一个玻璃温室种植花草和非应季水果是许多家庭社会地位的象征。
心理学	自力更生可以给人自信，并激发应变能力；仇外心理是指对外来、陌生或不解的事物的不明原因的恐惧。
系统论	城市食物的供给不仅可以通过利用建筑空间来改善生活、节约能源，而且还可以通过改进包装与运输来实现。

情感智慧

Emotional Intelligence

草 莓

草莓提出了一个新奇的冒险想法：去城市中生存。当芦笋对这个建议提出反对意见时，草莓并没有变得保守，而是以一个中立的问题加以回应，所持立场也十分坚定。当芦笋提出了关于寒冷的保留意见时，草莓以另一个问题加以回应。草莓分享了关于玻璃和泡沫玻璃的信息，这些知识是芦笋熟知的，因此更容易达成一致。然而，还有成本的问题没有说清楚。草莓基于事实给予了回答，并给出了策略规划：共赢，共赢的主体也包括了那些持反对意见的人和那些起初注定要失败的人。草莓消除了芦笋的顾虑，因为实施这个提议能让所有人获利。当草莓发现芦笋已经被说服后，她露出了喜悦的情绪，提议一起唱首歌，这也是达成共识的表现。

芦 笋

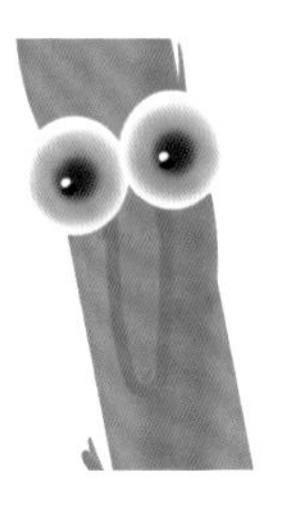

芦笋非常自信，起初他与草莓的关系很紧张。这使得芦笋在第一次听到去城市生活的提议时表现得很直接，不知收敛，没有意识到对草莓的冒犯。芦笋草率地回答草莓的问题，并坚持自己消极的态度。当芦笋不得不接受草莓的逻辑后，他又不断提出新的否定的观点。当芦笋和草莓在水、温室的态度上基本达成一致后，芦笋开始担心谁将承担成本，而且意识到仅靠食物的收入是不足以平衡收支的。共赢的策略规划并没有立即让芦笋接受，只有当芦笋明白了提议的逻辑后，他才重新变得自信起来；他建议让每个参与者都来庆祝这个新方案。

艺术

The Arts

下载一些城市的照片，找一些商业中心的鸟瞰图。把这些图片打印在一张大纸上，然后在房顶画上花园和温室。结果大有不同吧！绘画能帮你设计一些可能出现的场景。现在，你只需做出一个选择：让它变成现实！

思维拓展

Systems: Making the Connections

城市总有一天会变成世界75%人口的栖息之地。如果我们继续沿用今天的生产和消费模式，那么城市贫民区将会越来越多，贫穷与饥饿会四处蔓延，导致出现不安全感与仇外情绪。今天，我们在城市以外的区域制造食物，并依赖交通来运输这些食物。城市规划者已经将城市划分为居民区、商业区和工业区，这也迫使人们和物品不得不总在城市中来往穿梭，引发了大量交通问题。城市农业为重新整合这些高耗能、高成本的行业提供了机遇。由于城市中没有廉价的土地，所以要开发其他空间：商业和工业建筑的屋顶正在招手呼唤呢。食物的成本不能简单地比较计算，如比较屋顶种植1千克草莓的成本和农业化种植、运输、储藏1千克草莓的成本。为了理解这个提议的优势，通过透明的方式来比较价值是非常重要的。业主基础设施的成本会因能源的节约而被分摊，但最重要的额外价值是建筑有了增加额外收入的能力，这转化成了财产的账面价值或资本收益。再进一步，城市农业还有很多潜在的吸引力，比如增加游客量（额外收入），这对于购物中心来说尤其可贵，增加了业主的原始价值。对环境的红利则是，将黑漆漆的柏油屋顶（满足绝缘和防水的需求）变成了绿色屋顶（植物在此释放水和氧气，吸收二氧化碳），进而将建筑物变得冬暖夏凉。如果这些好处不限于一处建筑物，而是扩展到整个区域，那么城市会节约很多能源，扭转当地气候变化趋势。建筑物屋顶上生产的农产品也可以用于当地饮食消费。

动手能力

Capacity to Implement

你所在的城市中有多少空屋顶呢？找找那些工厂、配送中心还有购物中心的广阔屋顶，你一定会为这么大面积的宽敞空地而感到惊讶。（并不是所有屋顶都可用，因为有些屋顶不够坚硬，有些没有便利的通道。）策划一个方案，将10%的空地变成农场。你可以生产多少食物？你可以创造多少个就业岗位？你会成立一个团队来开展这项工作吗？如果你觉得自己太年轻了，问问自己这个问题吧：你觉得自己多大年纪才可以种植草莓？

故事灵感来自

穆罕默德·哈格

Mohamed Hage

穆罕默德·哈格是一位屡创商业奇迹的年轻企业家。鲁法农场是他在2002年创立的第三家公司。他最早的公司，赛普拉传媒是许多加拿大企业的E-mail服务商。他在激发员工工作热情方面很有天赋，而且在联络不同领域专家方面有很多诀窍。鲁法农场的创意源于哈格童年时的一段经历，那时新鲜的食物就产自贝鲁特城外的村庄中。他和劳伦·拉斯迈尔、叶海亚·巴德兰组成了团队。劳伦·拉斯迈尔是一位经过专业培训的生物化学家，他采用了生物方法来预防虫害，调节微气候，进行作物轮作和农作物品种选择。叶海亚·巴德兰是一名专业的建筑工程师，为鲁法农场的成功提供了必要的专业技术。

更多资讯

http://lufa.com/en/our-team.html

http://www.toddecological.com/eco-machines/

http://www.technologyreview.com/view/528356/how-leds-are-set-to-revolutionize-hi-tech-greenhouse-farming/

图书在版编目（CIP）数据

都市农场 ：汉英对照 /（比）鲍利著 ；田烁译 . -- 上海 ：
学林出版社，2015.6
（冈特生态童书 . 第 2 辑）
ISBN 978-7-5486-0873-8

Ⅰ . ①都… Ⅱ . ①鲍… ②田… Ⅲ . ①生态环境－环境保护－
儿童读物－汉、英 Ⅳ . ① X171.1-49

中国版本图书馆 CIP 数据核字 (2015) 第 086054 号

冈特生态童书
都市农场

作　　者—— 冈特 · 鲍利
译　　者—— 田　烁
策　　划—— 匡志强
责任编辑—— 李晓梅
装帧设计—— 魏　来
出　　版—— 上海世纪出版股份有限公司学林出版社
地　址：上海钦州南路 81 号　　电　话 / 传真：021-64515005
网址：www.xuelinpress.com
发　　行—— 上海世纪出版股份有限公司发行中心
（上海福建中路 193 号 网址：www.ewen.co）
印　　刷—— 上海图宇印刷有限公司
开　　本—— 710 × 1020　1/16
印　　张—— 2
字　　数—— 5 万
版　　次—— 2015 年 6 月第 1 版
2015 年 6 月第 1 次印刷
书　　号—— ISBN 978-7-5486-0873-8/G · 322
定　　价—— 10.00 元

（如发生印刷、装订质量问题，读者可向工厂调换）